# 奥托手绘彩色
# 植物图谱

## （精华版口袋书）

〔德〕奥托·威廉·汤姆　著

北京大学出版社

PEKING UNIVERSITY PRESS

# 图书在版编目（CIP）数据

奥托手绘彩色植物图谱：精华版口袋书 /（德）奥托·威廉·汤姆著.—北京：北京大学出版社，2019.3
ISBN 978-7-301-30121-0

Ⅰ.①奥…　Ⅱ.①奥…　Ⅲ.①植物－图谱　Ⅳ.①Q94-64

中国版本图书馆CIP数据核字（2018）第276988号

| | |
|---|---|
| 书　　　名 | 奥托手绘彩色植物图谱（精华版口袋书）<br>AOTUO SHOUHUI CAISE ZHIWU TUPU<br>(JINGHUABAN KOUDAISHU) |
| 著作责任者 | 〔德〕奥托·威廉·汤姆　著 |
| 责 任 编 辑 | 颜克俭 |
| 标 准 书 号 | ISBN 978-7-301-30121-0 |
| 出 版 发 行 | 北京大学出版社 |
| 地　　　址 | 北京市海淀区成府路205号　100871 |
| 网　　　址 | http://www.pup.cn　新浪微博:@北京大学出版社 |
| 电 子 信 箱 | zyjy@pup.cn |
| 电　　　话 | 邮购部010-62752015　发行部010-62750672<br>编辑部010-62704142 |
| 印 刷 者 | 天津图文方嘉印刷有限公司 |
| 经 销 者 | 新华书店 |
| | 787毫米×1092毫米　32开本　10.25印张　348千字<br>2019年3月第1版　2019年3月第1次印刷 |
| 定　　　价 | 58.00元 |

# Preface 序 言

　　植物的形态分类是植物学各领域的基础，植物学的各个分支如植物的生理、生化、细胞、遗传、进化以及相关学科如农学、林学、中药学、环境科学的科学研究均离不开植物形态分类的知识。此外，认识植物也是进行植物多样性保护所必需的。纵观近年来出版的一系列植物识别相关的书籍，我们发现最受读者欢迎的是那些将植物的外部形态和解剖结构相结合，并将一些花、果的分类学特征呈现在一幅画面中的原色图册。

　　奥托·威廉·汤姆（Otto Wilhelm Thomé，1840—1925）是德国的植物学家和植物艺术家，他最为杰出的工作就是《德国、奥地利和瑞士植物图志》（*Flora von Deutschland Österreich und der Schweiz*）。这是一本适于学校和家庭使用的彩绘植物图志，1885年首次印刷，包含700幅彩色手绘图，涉及697种。该书在1903年由沃尔特·米格拉（Walter Migula）补充后再版。书中的插图非常精美，每幅图均给出了所绘植物的拉丁学名和所隶属的科属名，差不多每张图除了植物外形图外，都配有花、果的解剖图，这对于我们植物分类学工作者，尤其是对植物学爱好者或高校教师来说具有重要的参考价值。

最近我获知北京大学出版社对该书进行了编辑和整理，从中精选了298幅图片（这些图片分属于112科277属），并且对原书中的拉丁学名进行了翻译，给出了中文名和隶属的等级。本书科的概念采用了克朗奎斯特系统。书中所选择的植物一方面在科、属分布上具有代表性；另一方面，基本上是国内有分布或在国内能见到的植物，因此实用性较强。重新编辑后的植物排列分为"石松类及蕨类植物""裸子植物""被子植物"三个部分。每一部分，科名按拼音排序，科下面属名按拼音排序，属下面种名按拼音排序；书后还附有中文索引和拉丁文索引，有利于读者对植物的查找。

该书的出版，让我们在学习植物知识的同时还能够领略19世纪末期植物科学画的魅力，必将对广大植物分类学爱好者产生重要影响。而且该书对于高等院校植物分类学的教学也具有重要的参考价值。

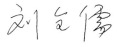

北京师范大学生命科学学院

# Contents 目　录

3

## Contents

# 石松类及蕨类植物

*Salvinia natans*

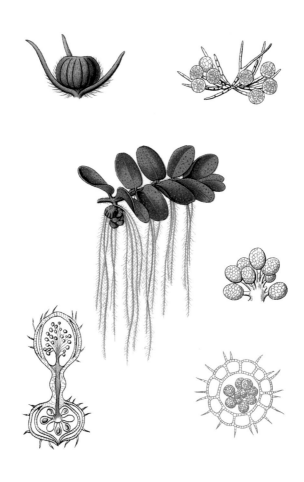

槐叶苹科　槐叶苹属　槐叶苹

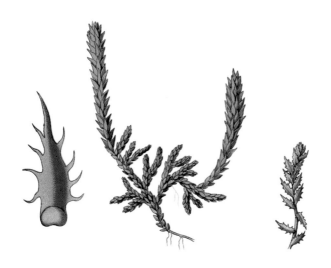

卷柏科　卷柏属　欧洲卷柏

# *Selaginella helvetica*

卷柏科　卷柏属　小卷柏

*Equisetum pratense*

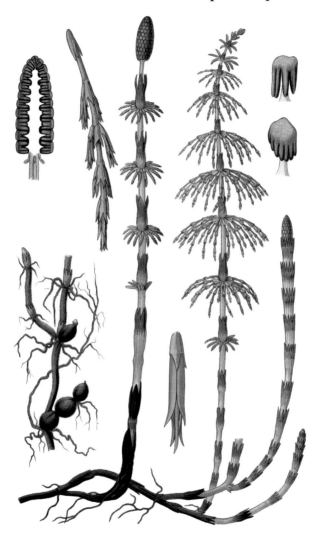

木贼科　问荆属　草问荆

# *Matteuccia struthiopteris*

球子蕨科　荚果蕨属　荚果蕨

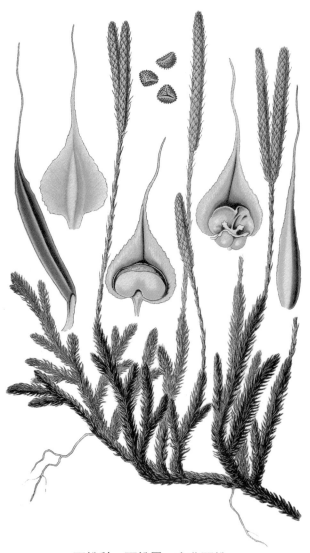

*Lycopodium clavatum*

石松科　石松属　东北石松

*Polypodium vulgare*

水龙骨科　多足蕨属　欧亚多足蕨

*Cystopteris fragilis*

蹄盖蕨科　冷蕨属　冷蕨

9

# *Athyrium filix-femina*

蹄盖蕨科　蹄盖蕨属　蹄盖蕨

*Asplenium griffithianum*

铁角蕨科　铁角蕨属　厚叶铁角蕨

## *Asplenium trichomanes*

铁角蕨科　铁角蕨属　铁角蕨

*Adiantum capillus−veneris*

铁线蕨科　铁线蕨属　铁线蕨

*Blechnum spicant*

乌毛蕨科　乌毛蕨属　穗乌毛蕨

14

# 裸子植物

# *Juniperus communis*

柏科　刺柏属　欧洲刺柏

*Taxus baccata*

红豆杉科　红豆杉属　欧洲红豆杉

17

# *Ephedra distachya*

麻黄科　麻黄属　双穗麻黄

松科　冷杉属　欧洲银叶冷杉

# *Larix decidua*

松科　落叶松属　欧洲落叶松

*Pinus sylvestris*

松科　松属　欧洲赤松

21

*Picea abies*

松科　云杉属　欧洲云杉

# 被子植物

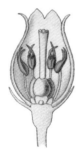

# *Capparis himalayensis*

白花菜科　山柑属　爪瓣山柑

百合科　百合属　新疆百合

*Gagea lutea*

百合科　顶冰花属　顶冰花

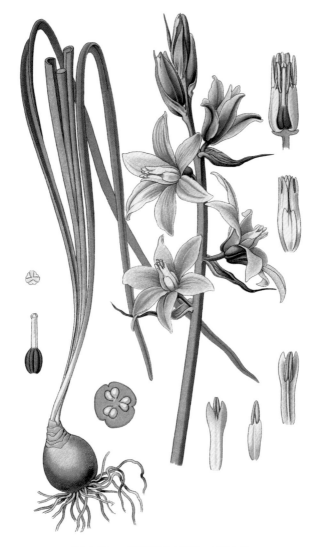

*Ornithogalum nutans*

百合科　虎眼万年青属　银钟花

# *Polygonatum multiflorum*

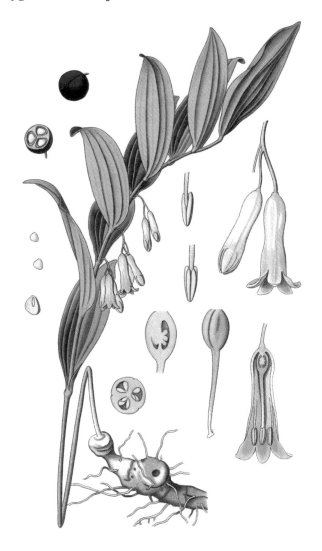

百合科　黄精属　多花黄精

*Veratrum album*

百合科　藜芦属　白藜芦

# *Convallaria majalis*

百合科　铃兰属　铃兰

*Colchicum autumnale*

百合科　秋水仙属　秋水仙

31

# *Asparagus officinalis*

百合科　天门冬属　石刁柏

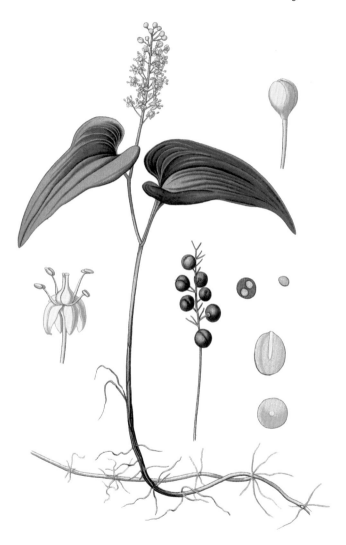

*Maianthemum bifolium*

百合科　舞鹤草属　舞鹤草

# *Hemerocallis fulva*

百合科　萱草属　萱草

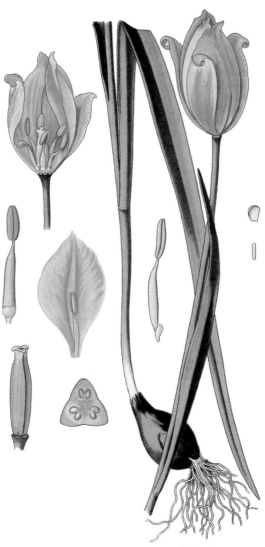

*Tulipa sylvestris*

百合科　郁金香属　野郁金香

35

# *Valeriana officinalis*

败酱科　缬草属　缬草

*Primula veris*

报春花科　报春花属　黄花九轮草

# *Cyclamen purpurascens*

报春花科　仙客来属　欧洲仙客来

*Lysimachia vulgaris*

报春花科　珍珠菜属　毛黄连花

# *Ribes uva–crispa*

茶藨子科　茶藨子属　鹅莓

*Plantago major*

车前科　车前属　大车前

唇形科　薄荷属　留兰香

*Scutellaria galericulata*

唇形科 黄芩属 盔状黄芩

# *Glechoma hederacea*

唇形科　活血丹属　欧活血丹

44

唇形科　筋骨草属　匍匐筋骨草

# *Rosmarinus officinalis*

唇形科　迷迭香属　迷迭香

*Melissa officinalis*

唇形科　蜜蜂花属　香蜂花

47

*Origanum vulgare*

唇形科　牛至属　牛至

*Salvia pratensis*

唇形科　鼠尾草属　草原鼠尾草

## *Stachys sylvatica*

唇形科　水苏属　林地水苏

*Prunella vulgaris*

唇形科　夏枯草属　夏枯草

# *Lavandula angustifolia*

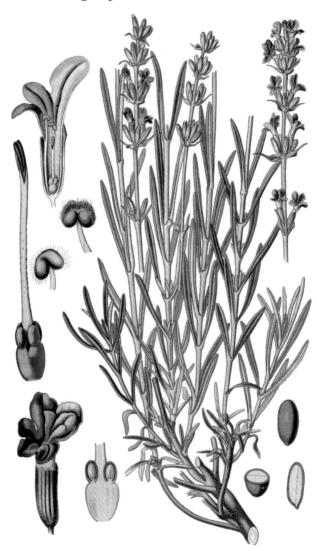

唇形科　薰衣草属　薰衣草

*Lamium purpureum*

唇形科　野芝麻属　紫花野芝麻

*Leonurus cardiaca*

唇形科　益母草属　欧益母草

茨藻科　茨藻属　大茨藻

*Oxalis acetosella*

酢浆草科　酢浆草属　白花酢浆草

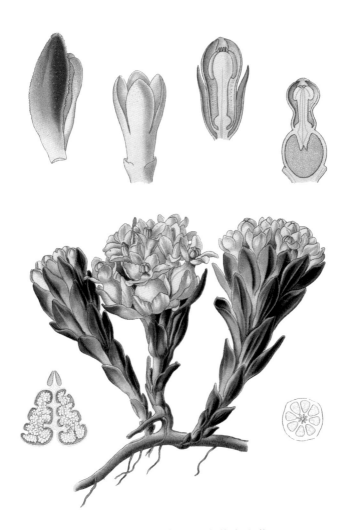

*Cytinus hypocistis*

簇花草科　簇花草属　大花寄生草

*Mercurialis perennis*

大戟科　山靛属　多年生山靛

*Cannabis sativa*

大麻科　大麻属　大麻

*Humulus lupulus*

大麻科　葎草属　啤酒花

*Juncus articulatus*

灯心草科　灯心草属　小花灯心草

61

*Lotus alpinus*

蝶形花科　百脉根属　高原百脉根

*Lens culinaris*

蝶形花科　兵豆属　兵豆

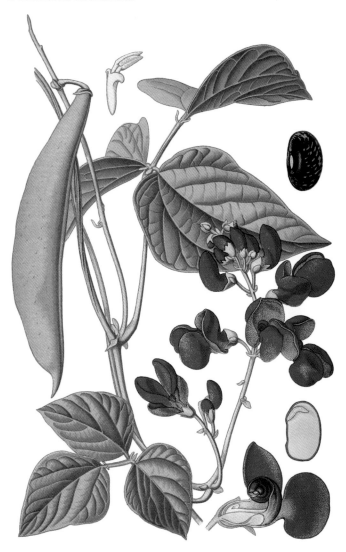

*Phaseolus coccineus*

蝶形花科　菜豆属　荷包豆

*Melilotus officinalis*

蝶形花科　草木樨属　草木樨

*Trifolium repens*

蝶形花科　车轴草属　白车轴草

*Trifolium pratense*

蝶形花科　车轴草属　红车轴草

67

*Glycyrrhiza glabra*

蝶形花科　甘草属　洋甘草

*Trigonella foenum-graecum*

蝶形花科　胡卢巴属　胡卢巴

69

*Astragalus frigidus*

蝶形花科　黄耆属　广布黄耆

*Cytisus scoparius*

蝶形花科　金雀儿属　金雀儿

*Onobrychis viciifolia*

蝶形花科　驴豆属　驴食草

*Medicago sativa*

蝶形花科　苜蓿属　紫苜蓿

73

*Galega officinalis*

蝶形花科　山羊豆属　山羊豆

*Pisum sativum*

蝶形花科　豌豆属　豌豆

*Lathyrus vernus*

蝶形花科　香豌豆属　春香豌豆

*Vicia faba*

蝶形花科　野豌豆属　蚕豆

77

*Vicia sativa*

蝶形花科　野豌豆属　救荒野豌豆

*Colutea arborescens*

蝶形花科　鱼鳔槐属　鱼鳔槐

*Lupinus luteus*

蝶形花科　羽扇豆属　黄羽扇豆

*Ilex aquifolium*

冬青科　冬青属　枸骨叶冬青

# *Ulex europaeus*

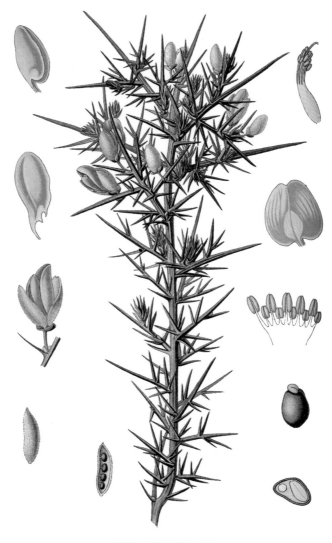

豆科　荆豆属　荆豆

*Anthyllis vulneraria*

豆科　绒毛花属　疗伤绒毛花

83

# *Rhododendron hirsutum*

杜鹃花科　杜鹃花属　密毛高山杜鹃

*Ledum palustre*

杜鹃花科　杜香属　杜香

85

*Andromeda polifolia*

杜鹃花科　小石南属　小石南

凤仙花科　凤仙花属　水金凤

*Hordeum distichon*

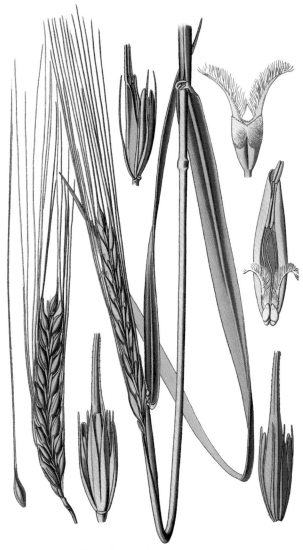

禾本科　大麦属　二棱大麦

*Triticum aestivum*

禾本科　小麦属　小麦

*Zea mays*

禾本科　玉蜀黍属　玉蜀黍

*Fumaria officinalis*

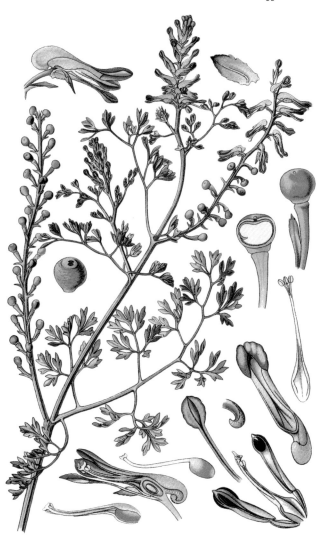

荷包牡丹科　球果紫堇属　药用球果紫堇

*Juglans regia*

胡桃科　胡桃属　胡桃

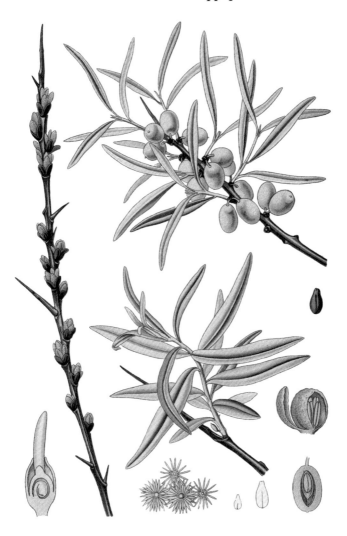

*Hippophae rhamnoides*

胡颓子科　沙棘属　沙棘

93

*Cucumis sativus*

葫芦科　黄瓜属　黄瓜

*Butomus umbellatus*

花蔺科　花蔺属　花蔺

*Alnus glutinosa*

桦木科　赤杨属　欧洲桤木

*Carpinus betulus*

桦木科　鹅耳枥属　欧洲鹅耳枥

97

*Betula pendula*

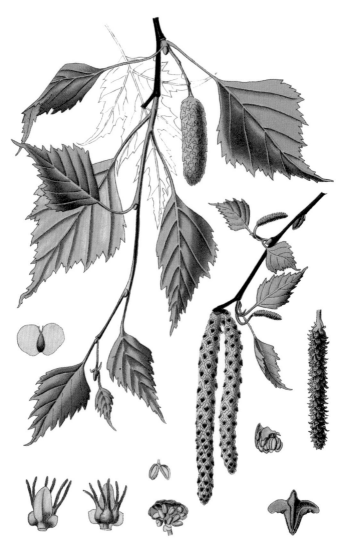

桦木科　桦木属　垂枝桦

*Corylus avellana*

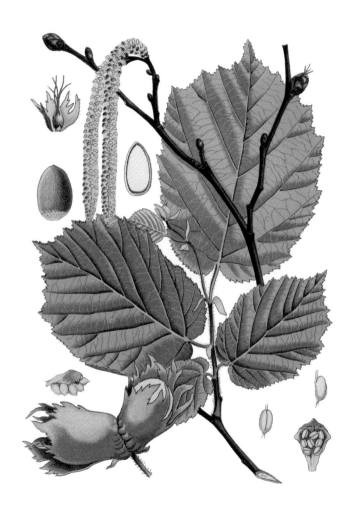

桦木科　榛属　欧洲榛

# *Buxus microphylla subsp. sinica*

黄杨科　黄杨属　黄杨

*Ruscus aculeatus*

假叶树科　假叶树属　假叶树

*Ceratophyllum demersum*

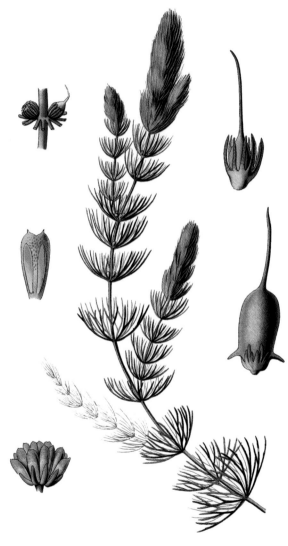

金鱼藻科　金鱼藻属　金鱼藻

*Sedum acre*

景天科　景天属　苔景天

*Campanula patula*

桔梗科　风铃草属　展叶风铃草

*Cnicus benedictus*

菊科　藏掖花属　藏掖花

# *Anthemis arvensis*

菊科　春黄菊属　田春黄菊

*Petasites hybridus*

菊科　蜂斗菜属　蜂斗菜

# *Bidens tripartita*

菊科　鬼针草属　狼杷草

*Carthamus tinctorius*

菊科　红花属　红花

109

# *Cirsium arvense*

菊科　蓟属　丝路蓟

*Calendula officinalis*

菊科　金盏花属　金盏花

111

*Senecio jacobaea*

菊科　千里光属　新疆千里光

*Achillea millefolium*

菊科　蓍属　蓍

*Silybum marianum*

菊科　水飞蓟属　水飞蓟

*Aster indamellus*

菊科　紫菀属　叶苞紫菀

# *Quercus pedunculata*

壳斗科　栎属　英国栎

*Castanea sativa*

壳斗科　栗属　欧洲板栗

117

# Fagus sylvatica

壳斗科　水青冈属　欧洲水青冈

118

*Orchis maculata*

兰科　红门兰属　紫斑红门兰

# *Orchis purpurea*

兰科　红门兰属　紫花红门兰

*Neottia nidus-avis*

兰科　鸟巢兰属　凹唇鸟巢兰

121

# *Cypripedium calceolus*

兰科　勺兰属　勺兰

*Platanthera chlorantha*

兰科　舌唇兰属　二叶舌唇兰

# *Cephalanthera rubra*

兰科　头蕊兰属　紫花头蕊兰

*Pinguicula alpina*

狸藻科　捕虫堇属　高山捕虫堇

*Utricularia vulgaris*

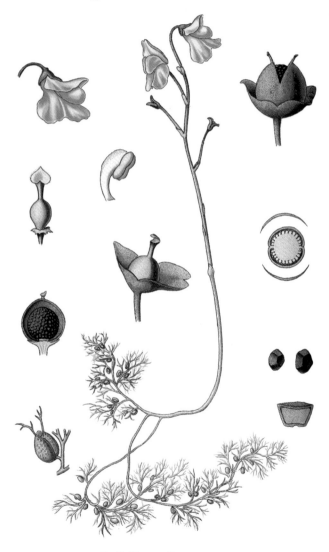

狸藻科　狸藻属　狸藻

*Spinacia oleracea*

藜科　菠菜属　菠菜

# *Chenopodium bonus–henricus*

藜科　藜属　亨利藜

*Blitum capitatum*

藜科　藜属　头花藜

*Beta vulgaris var. rapacea*

藜科　甜菜属　甜菜

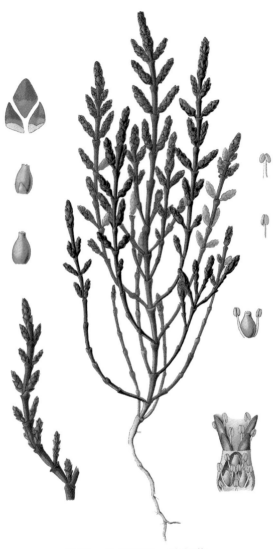

*Salicornia europaea*

藜科　盐角草属　盐角草

131

*Fallopia dumetorum*

蓼科 何首乌属 篱蓼

蓼科 蓼属 拳参

## *Fagopyrum esculentum*

蓼科　荞麦属　荞麦

*Rumex maritimus*

蓼科　酸模属　刺酸模

# *Lathraea squamaria*

列当科　齿鳞草属　齿草

*Orobanche lutea*

列当科　列当属　欧洲黄花列当

*Trapa natans*

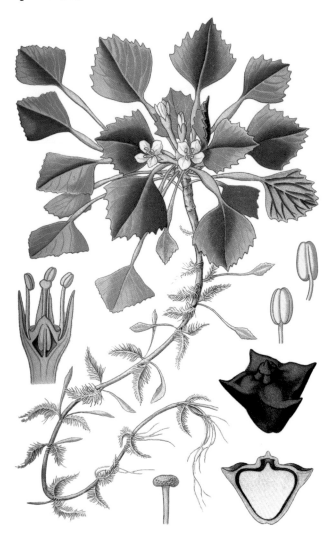

菱科　菱属　四角菱

138

*Epilobium angustifolium*

柳叶菜科　柳叶菜属　柳兰

139

*Circaea lutetiana*

柳叶菜科　露珠草属　水珠草

*Oenothera biennis*

柳叶菜科　月见草属　月见草

*Gentiana lutea*

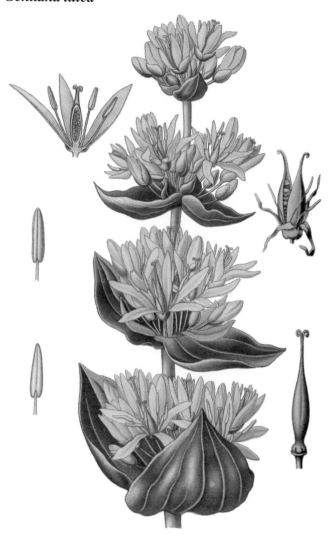

龙胆科　龙胆属　黄龙胆

*Pyrola rotundifolia*

鹿蹄草科　鹿蹄草属　圆叶鹿蹄草

143

*Verbena officinalis*

马鞭草科　马鞭草属　马鞭草

144

*Portulaca oleracea*

马齿苋科　马齿苋属　马齿苋

145

*Aristolochia clematitis*

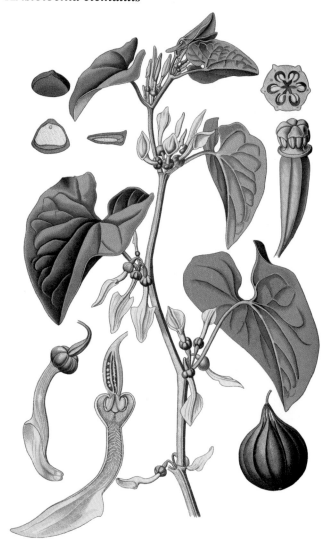

马兜铃科　马兜铃属　铁线莲状马兜铃

146

*Asarum europaeum*

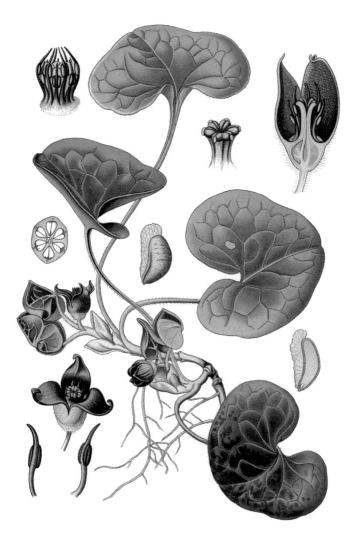

马兜铃科　细辛属　欧洲细辛

*Geranium phaeum*

牻牛儿苗科　老鹳草属　暗花老鹳草

*Erodium cicutarium*

牻牛儿苗科　牻牛儿苗属　芹叶牻牛儿苗

*Pulsatilla vulgaris*

毛茛科　白头翁属　欧洲白头翁

毛茛科　侧金盏花属　春侧金盏花

*Trollius europaeus*

毛茛科　金莲花属　欧洲金莲花

*Actaea spicata*

毛茛科　类叶升麻属　类叶升麻

153

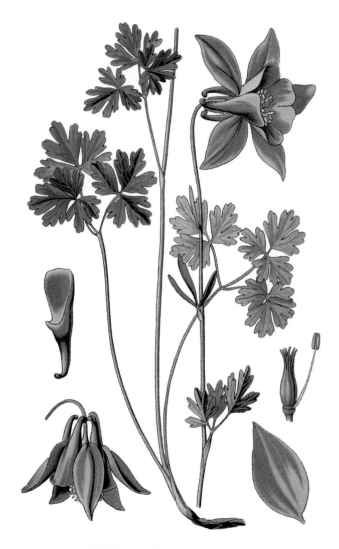

*Aquilegia alpina*

毛茛科　耧斗菜属　高山耧斗菜

154

*Caltha palustris*

毛茛科　驴蹄草属　驴蹄草

*Ranunculus acris*

毛茛科　毛茛属　欧毛茛

*Ranunculus repens*

毛茛科　毛茛属　匍枝毛茛

# *Ranunculus arvensis*

毛茛科　毛茛属　田野毛茛

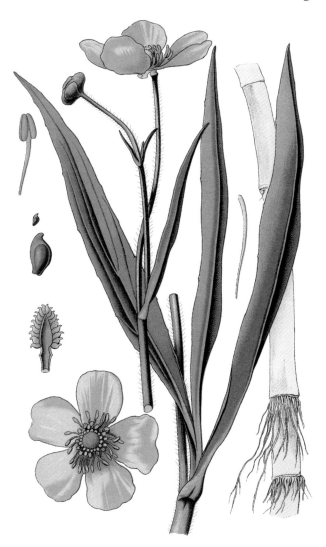

*Ranunculus lingua*

毛茛科　毛茛属　条叶毛茛

159

# *Ranunculus aconitifolius*

毛茛科　毛茛属　乌头叶毛茛

毛茛科　毛茛属　硬叶水毛茛

*Paeonia mascula*

**毛茛科　芍药属**　茂盛芍药

*Thalictrum flavum*

毛茛科　唐松草属　黄唐松草

163

# *Helleborus niger*

毛茛科　铁筷子属　黑色铁筷子

*Clematis alpina*

毛茛科　铁线莲属　高山铁线莲

# *Eranthis hyemalis*

毛茛科　菟葵属　菟葵

*Aconitum napellus*

毛茛科　乌头属　欧乌头

# *Anemone nemorosa*

毛茛科　银莲花属　林地银莲花

毛茛科　獐耳细辛属　獐耳细辛

*Fraxinus excelsior*

木犀科　白蜡树属　欧洲白蜡

*Olea europaea*

木犀科　木犀榄属　木犀榄

171

# *Ligustrum vulgare*

木犀科　女贞属　普通女贞

*Vitis vinifera*

葡萄科　葡萄属　葡萄

# *Aesculus hippocastanum*

七叶树科　七叶树属　欧洲七叶树

*Acer platanoides*

槭树科　槭属　挪威槭

*Lythrum salicaria*

千屈菜科　千屈菜属　千屈菜

*Urtica dioica*

荨麻科　荨麻属　异株荨麻

177

# *Galium aparine var. echinospermum*

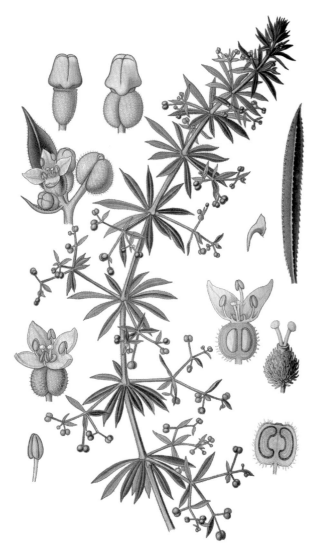

茜草科　拉拉藤属　拉拉藤

*Rubia tinctorum*

茜草科　茜草属　染色茜草

*Fragaria vesca*

薔薇科　草莓属　野草莓

蔷薇科　地榆属　小地榆

# *Sorbus aucuparia*

蔷薇科　花楸属　欧洲花楸

*Pyrus communis*

薔薇科　梨属　西洋梨

183

# *Agrimonia eupatoria*

蔷薇科　龙牙草属　欧洲龙牙草

*Geum rivale*

蔷薇科　路边青属　紫萼路边青

*Malus pumila*

蔷薇科　苹果属　苹果

*Rosa canina*

蔷薇科　蔷薇属　狗牙蔷薇

*Rosa foetida*

蔷薇科　蔷薇属　异味蔷薇

*Crataegus laevigata*

蔷薇科　山楂属　英国山楂

# *Amygdalus communis*

蔷薇科　桃属　扁桃

*Amygdalus persica*

薔薇科　桃属　桃

*Potentilla anserina*

蔷薇科　委陵菜属　蕨麻

*Potentilla reptans*

蔷薇科　委陵菜属　匍匐委陵菜

*Cydonia oblonga*

蔷薇科　榅桲属　榅桲

*Filipendula ulmaria*

蔷薇科　蚊子草属　旋果蚊子草

195

# *Spiraea salicifolia*

蔷薇科　绣线菊属　绣线菊

*Rubus idaeus*

蔷薇科　悬钩子属　复盆子

## *Cotoneaster integerrimus*

蔷薇科　枸子属　全缘枸子

*Cerasus vulgaris*

蔷薇科　樱属　欧洲酸樱桃

# *Cerasus avium*

蔷薇科　樱属　欧洲甜樱桃

*Alchemilla vulgaris*

蔷薇科　羽衣草属　羽衣草

# *Comarum palustre*

薔薇科　沼委陵菜属　沼委陵菜

*Atropa belladonna*

茄科　颠茄属　颠茄

203

# *Lycium barbarum*

茄科　枸杞属　宁夏枸杞

*Datura stramonium*

茄科　曼陀罗属　曼陀罗

205

## *Solanum dulcamara*

茄科　茄属　欧白英

*Physalis alkekengi*

茄科　酸浆属　酸浆

# *Hyoscyamus niger*

茄科　天仙子属　天仙子

茄科　烟草属　烟草

# *Linnaea borealis*

忍冬科　北极花属　北极花

忍冬科　荚蒾属　欧洲荚蒾

# *Lonicera caprifolium*

忍冬科　忍冬属　蔓生盘叶忍冬

*Daphne mezereum*

瑞香科　瑞香属　欧亚瑞香

213

# *Eryngium maritimum*

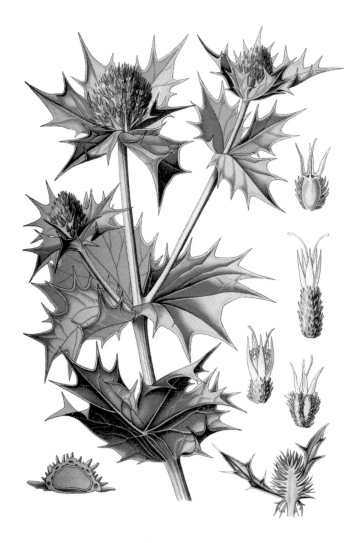

伞形科　刺芹属　滨刺芹

214

*Hydrocotyle vulgaris*

伞形科　天胡荽属　铜钱草

*Aegopodium podagraria*

伞形科　羊角芹属　羊角芹

216

*Sium sisarum*

伞形科　泽芹属　泽芹

217

*Ficus carica*

桑科　榕属　无花果

*Morus nigra*

桑科　桑属　黑桑

219

# *Viscum album*

**桑寄生科　槲寄生属**　白果槲寄生

220

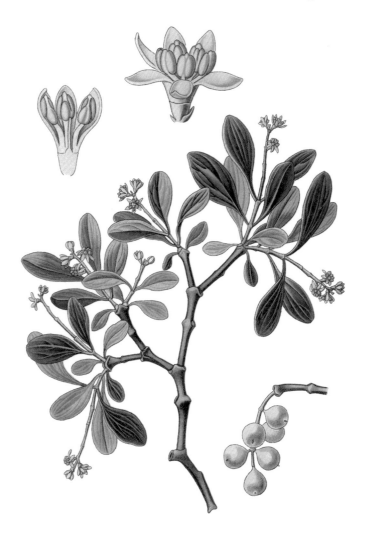

*Loranthus europaeus*

桑寄生科　桑寄生属　欧洲桑寄生

221

*Cornus mas*

山茱萸科　梾木属　欧洲山茱萸

*Hippuris vulgaris*

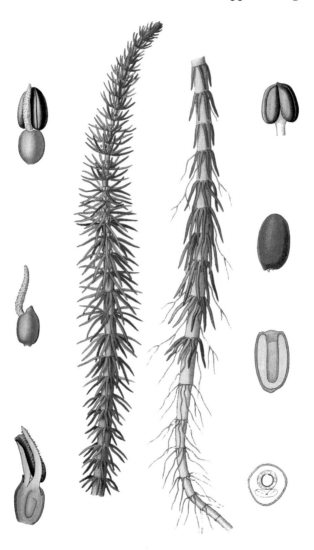

杉叶藻科　杉叶藻属　杉叶藻

*Nasturtium officinale*

十字花科　豆瓣菜属　豆瓣菜

*Cheiranthus cheiri*

十字花科　桂竹香属　桂竹香

225

*Cardamine pratensis*

十字花科　碎米荠属　草甸碎米荠

226

*Punica granatum*

石榴科　石榴属　石榴

*Allium victoralis*

石蒜科　葱属　茖葱

228

*Allium nigrum*

石蒜科　葱属　黑葱

*Allium angulosum*

石蒜科　葱属　角葱

230

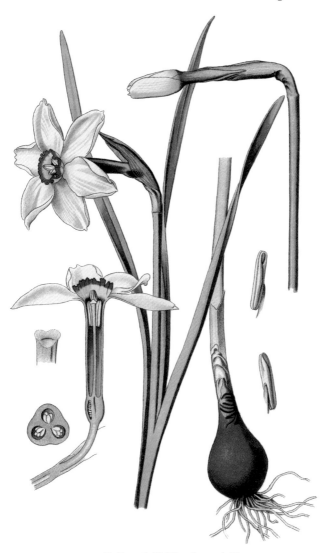

*Narcissus poeticus*

石蒜科　水仙属　红口水仙

231

*Galanthus nivalis*

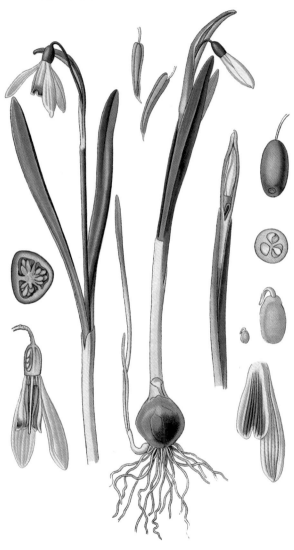

石蒜科　雪滴花属　雪滴花

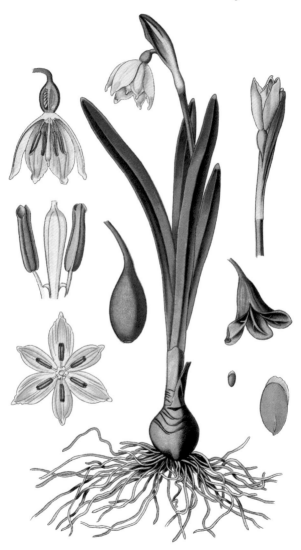

*Leucojum vernum*

石蒜科　雪片莲属　雪片莲

*Stellaria aquatica*

石竹科　繁缕属　牛繁缕

*Cucubalus baccifer*

石竹科　狗筋蔓属　狗盘蔓

*Cerastium arvense*

石竹科　卷耳属　卷耳

*Agrostemma githago*

石竹科　麦仙翁属　麦仙翁

# *Vaccaria hispanica*

石竹科　王不留行属　麦蓝菜

*Herniaria glabra*

石竹科　治疝草属　治疝草

*Moehringia trinervia*

石竹科　种阜草属　三脉种阜草

*Rhamnus frangula*

鼠李科　鼠李属　欧鼠李

241

*Hydrocharis dubia*

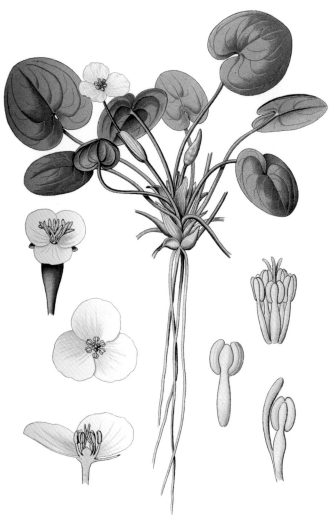

水鳖科 水鳖属 水鳖

*Stratiotes aloides*

水鳖科 水剑叶属 水剑叶

243

## *Monotropa hypopitys*

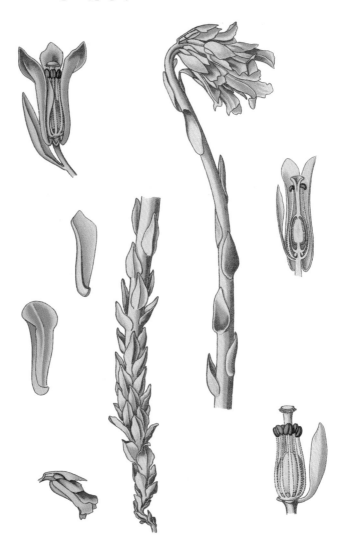

水晶兰科　水晶兰属　松下兰

*Callitriche palustris*

水马齿科　水马齿属　水马齿

# *Nuphar lutea*

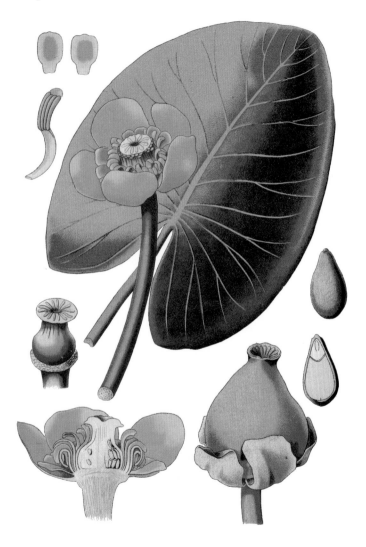

睡莲科　萍蓬草属　欧亚萍蓬草

246

*Nymphaea alba*

睡莲科　睡莲属　白睡莲

247

*Scirpus lacustris*

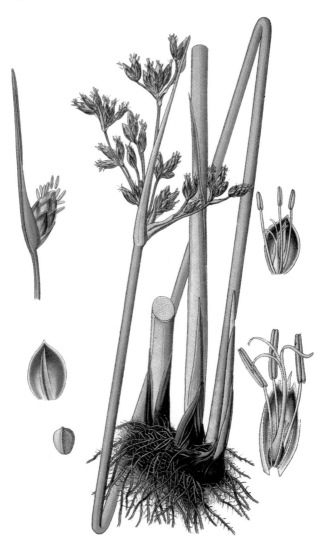

莎草科　藨草属　湖藨草

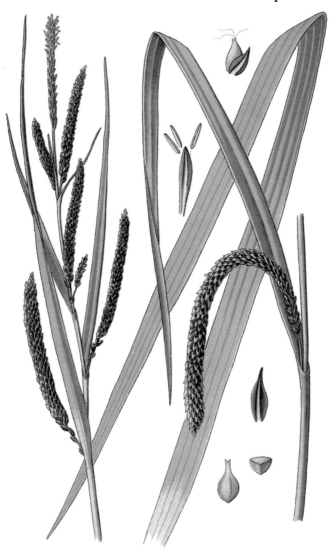

*Carex pendula*

莎草科　苔草属　大叶苔草

# *Myrtus communis*

桃金娘科　香桃木属　香桃木

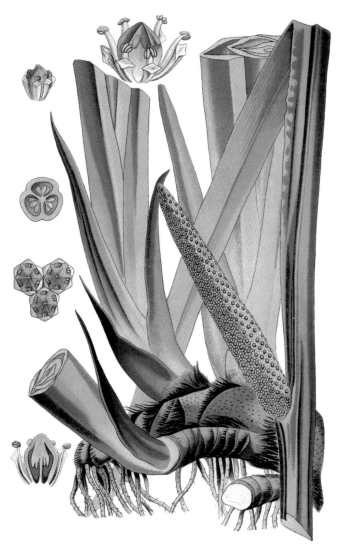

*Acorus tatarinowii*

天南星科　菖蒲属　石菖蒲

*Arum maculatum*

天南星科　疆南星属　斑叶疆南星

*Calla palustris*

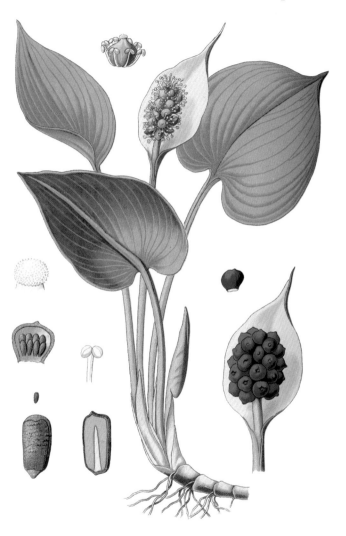

天南星科　水芋属　水芋

# *Euonymus hamiltonianus*

卫矛科　卫矛属　西南卫矛

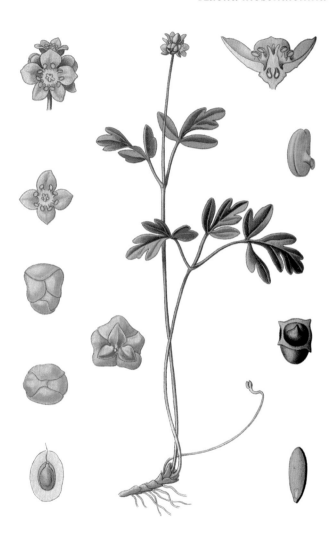

*Adoxa moschatellina*

五福花科　五福花属　五福花

255

# *Hedera helix*

五加科　常春藤属　洋常春藤

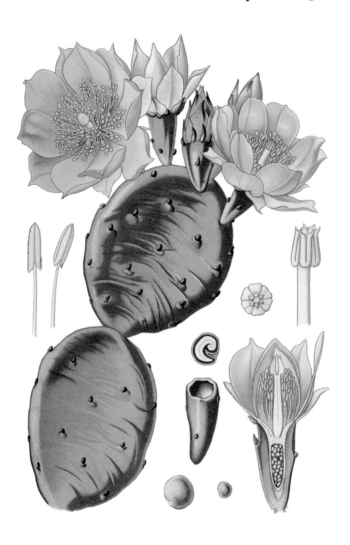

仙人掌科　仙人掌属　绿仙人掌

*Amaranthus retroflexus*

苋科　苋属　反枝苋

*Berberis vulgaris*

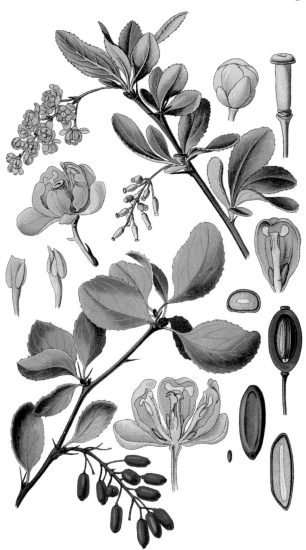

小檗科　小檗属　刺檗

# *Epimedium alpinum*

小檗科　淫羊藿属　高山淫羊藿

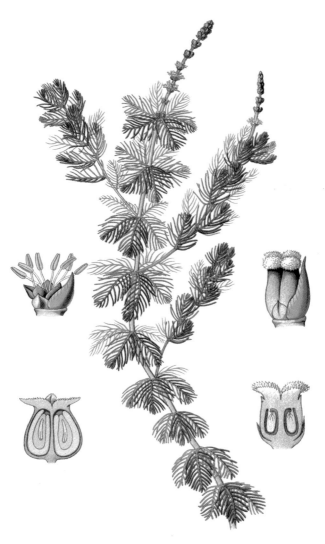

*Myriophyllum spicatum*

小二仙草科　狐尾藻属　穗状狐尾藻

# *Menyanthes trifoliata*

荇菜科　睡菜属　睡菜

*Nymphoides peltata*

荇菜科　荇菜属　荇菜

# *Rhinanthus glaber*

玄参科　鼻花属　鼻花

264

玄参科　沟酸浆属　沟酸浆

# *Digitalis purpurea*

玄参科　毛地黄属　毛地黄

*Verbascum phlomoides*

玄参科　毛蕊花属　橘色毛蕊花

# *Gratiola officinalis*

玄参科 水八角属 新疆水八角

*Scrophularia nodosa*

玄参科　玄参属　欧洲玄参

269

旋花科 菟丝子属 欧洲菟丝子

*Convolvulus arvensis*

旋花科　旋花属　田旋花

# *Linum usitatissimum*

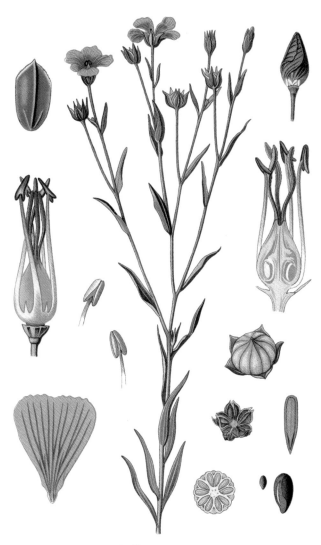

亚麻科　亚麻属　亚麻

*Paris quadrifolia*

延龄草科　重楼属　四叶重楼

273

# *Empetrum nigrum*

岩高兰科　岩高兰属　东北岩高兰

*Potamogeton polygonifolius*

眼子菜科　眼子菜属　蓼叶眼子菜

# *Salix viminalis*

杨柳科　柳属　蒿柳

*Salix purpurea*

杨柳科　柳属　红皮柳

*Salix caprea*

杨柳科　柳属　黄花柳

*Salix triandra*

杨柳科　柳属　三蕊柳

*Populus nigra*

杨柳科　杨属　黑杨

*Populus tremula*

杨柳科　杨属　欧洲山杨

*Myrica gale*

杨梅科　杨梅属　甜香杨梅

*Chelidonium majus*

罂粟科　白屈菜属　白屈菜

283

# *Glaucium corniculatum*

罂粟科　海罂粟属　红角罂粟

*Papaver somniferum*

罂粟科 罂粟属 罂粟

*Celtis australis*

榆科　朴树属　南欧朴

*Ulmus minor*

榆科　榆属　小叶榆

287

*Crocus sativus*

鸢尾科　番红花属　番红花

*Iris pseudacorus*

鸢尾科　鸢尾属　菖蒲鸢尾

289

*Iris germanica*

鸢尾科 鸢尾属 德国鸢尾

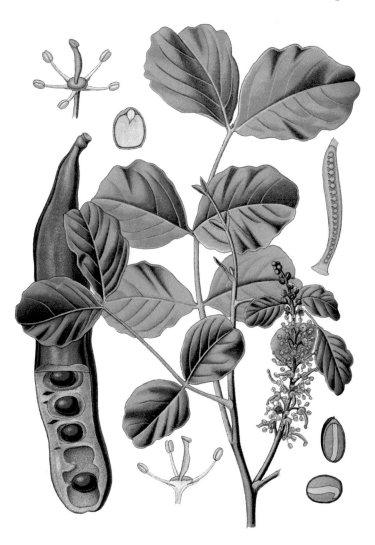

*Ceratonia siliqua*

云实科　长角豆属　长角豆

# *Dictamnus dasycarpus*

芸香科　白鲜属　白鲜

*Ruta graveolens*

芸香科　芸香属　芸香

293

*Sagittaria trifolia*

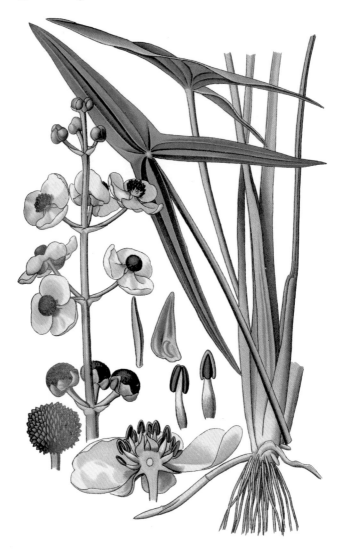

泽泻科　慈姑属　野慈姑

*Alisma aquatica*

泽泻科　泽泻属　泽泻

*Laurus nobilis*

樟科　月桂属　月桂

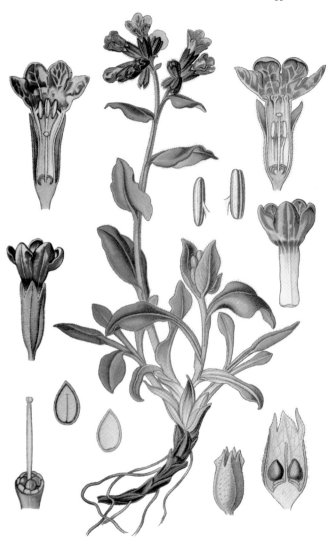

*Pulmonaria officinalis*

紫草科　肺草属　药用肺草

*Symphytum officinale*

紫草科　聚合草属　聚合草

*Lycopsis arvensis*

紫草科　狼紫草属　狼紫草

# *Cynoglossum officinale*

紫草科　琉璃草属　红花琉璃草

紫草科　勿忘草属　沼泽勿忘我

# 中文索引 Chinese index

# Latin index 拉丁文索引